AF457444

DU SPECTACLE

DE L'UNIVERS

ET DE QUELQUES-UNES DES

LOIS DE LA NATURE

VERSAILLES. — IMPRIMERIE CERF, 59, RUE DU PLESSIS.

DU SPECTACLE

DE

L'UNIVERS

ET DE QUELQUES-UNES DES

LOIS DE LA NATURE

PAR EUG. BAZIN

VERSAILLES
IMPRIMERIE CERF, 59, RUE DU PLESSIS.

1869

DU SPECTACLE

DE L'UNIVERS

ET DE

QUELQUES-UNES DES LOIS DE LA NATURE

I

Rien, dans la nature, ne se produit sans *cause intelligente*, et ne subsiste sans *lois*. Le hasard, intervenant ici, n'est qu'un de ces mots vides de sens dont les hommes aiment trop souvent à se payer. Le hasard n'est pas même un semblant de quelque chose ; ce n'est rien ; et de rien, rien ne peut sortir. — Mais ce qui est tout : intelligence, volonté, force, conservation, direction, principe et fin, c'est Dieu, que l'on ne peut nier sans être atteint de cécité morale ; Dieu, qui se voit comme à l'œil dans chacune de ses œuvres.

Scènes de l'univers que sa main nous décore,
Terre, son marche-pieds, cieux où tonne sa voix,
Vous nous parlez de Dieu ; mais son nom parle encore
Bien plus haut dans mon cœur, qu'en tout ce que je vois ;

Et qu'importe par où l'on commence, et pourquoi choisir, là où tout se tient dans un ordre également nécessaire et magnifique? Quelqu'anneau que l'on détache de la chaîne des êtres, vous le reconnaissez à son empreinte; et nul homme ne peut l'imiter.

En tous lieux, à toute heure, il m'apparaît se déroulant dans sa majestueuse harmonie, ce spectacle si beau de la création : du couchant à l'aurore, de l'un à l'autre pôle; soit que l'astre du jour, à son midi, darde ses traits enflammés; soit que la voûte azurée se constelle des feux scintillants de la nuit; dans le chœur animé des sphères dont Pythagore croyait entendre les concerts, comme dans l'insecte bruissant sous l'herbe que foule un pas indifférent; partout, dans l'infini de grandeur et de petitesse, je retrouve gravé le même nom, j'adore la même providence, et je m'écrie d'enthousiasme avec le poète :

« Que d'amour dans ton sein pour embrasser ces mondes,
Pour couver de si loin ces poussières fécondes,
Descendre si puissant des soleils au ciron !
Et comment supporter l'éclat dont tu te voiles,
Comment te contempler au jour de tes étoiles,
Dieu, si grand dans un seul rayon?.... »

Oui ! devant ce radieux éclat de puissance et de gloire, quelle que soit d'ici-bas la portée de son regard et l'audace de son essor, l'homme mortel hésite et se trouble, ses yeux sont éblouis, la Souveraine Majesté l'accable. Tels, sous ces sombres forêts que nous dépeignent d'antiques fables, on représente les peuples reculant dans une mystérieuse horreur : ils croyaient sentir la présence redoutée de leurs dieux, et se prosternaient glacés d'effroi..... Pour nous, au contraire, approchons ! la divinité qui se révèle ici n'est plus de celles qui ne voulaient pour culte qu'une superstitieuse terreur ; elle aime qu'on la contemple à sa lumière, et qu'on la bénisse dans ses ouvrages.

Et chaque jour, une nouvelle clarté nous conduit vers elle par cette voie ; chaque jour enrichit d'une perspective de plus le panorama des mondes. Sans prétendre y rien ajouter nous-même, et capable à peine d'en suivre et d'en esquisser les contours, au moins nous sera-t-il donné d'en retracer quelques scènes, les unes d'un grandiose incomparable, les autres, des plus modestes et des plus simples ; et, dans tous les cas, de pouvoir admirer.

Par une limpide soirée de mai, transportons-nous sur quelque colline aux horizons lointains. Sans doute, nous n'avons point ici le ciel pur de la Grèce, ni la parole du divin Platon ; mais le spectacle pour nous est devenu plus grand et plus instructif encore. Que nous voilà bien dans cet air libre ! quel calme ; quelles délicieuses sensations ! Autour de nous, souffle une brise embaumée, on n'entend plus monter que de vagues murmures, et notre hémisphère, pour quelques heures, va rentrer dans son repos. Déjà *le lampyre* sous le gazon allume l'humble flambeau de ses amours, tandis que tout à l'Occident se penche *Syrius* (1) plus étincelant que mille soleils. Le moment est propice : la lune, dans sa période nouvelle, ne montre pas même un mince filet d'argent; les dernières heures du crépuscule ont cessé de lutter avec les ombres, et les ténèbres, sur la terre, vont faire mieux ressortir la splendeur des cieux. Au milieu du silence de la nature, l'âme, remplie d'émotions religieuses, se recueille; et bientôt elle prend des ailes; avide de beautés cachées, elle s'élance et veut savoir. Regardez ! la scène en haut, s'ouvre à vos yeux; Dieu se manifeste dans sa pompe; et quand il l'ordonne, les sublimes inventions d'un Galilée, d'un Herschell, viennent nous guider dans les routes inconnues de son firmament. Regardez! les déserts de la nuit se sont peuplés et resplendissent ; les astres, sans nombre, se pressent dans l'espace sans limites (2); ou plutôt, séparés par des distances que l'imagination ne peut concevoir, ils se maintiennent, chacun paisible dans sa sphère. — Supposez qu'ils soient maintenant visibles tous ceux qui, pour l'autre moitié de notre globe, achèvent ou commencent leur cours; quelles multitudes, quelle variété de couleurs, quel rayonnement! Dirai-je tant de constellations et de nébuleuses, groupes

(1) Au mois de mai, Syrius passe sur la ligne de notre méridien, vers 3 heures après midi, et par conséquent se couche pour nous un peu après 9 heures du soir.

(2) On calcule qu'avec un télescope de 18 pouces de diamètre, on peut découvrir un total de vingt millions d'étoiles.

de soleils, que notre science a classées et qu'elle dénomme? Ici, comme un nuage blanchâtre, flotte la *voie lactée* dont notre système occupe le centre; là, brillent *Andromède*, avec sa double étoile, l'une rouge, l'autre verte, l'*Ecrevisse*, bleue et jaune, *Cassiopée*, blanche et pourpre.

Au-dessous de ces orbes incommensurables, les planètes, plus près de nous, accomplissent leurs phases : Voici *Mars*, dont le disque menaçant exécute sa révolution diurne dans le même temps que notre terre; *Jupiter*, aux vifs reflets, et qui, pour ses longs voyages, a pris une escorte de sept satellites; là-bas, *Saturne*, aux teintes plombées; voyez, dans l'azur sombre, tournoyer ses huit lunes à la lumière mate, et son anneau, dernier débris de la matière cosmique encore en travail, et qui semble comme un point dans l'immensité, pour nous éclairer sur la formation des mondes.

Par la pensée, plus puissante que le regard, reculez les bornes de l'espace et du temps : Ces nébuleuses, si diverses de dimensions et d'apparences (1), ces astres, déjà par millions, vont sous vos yeux se résoudre en poussières d'étoiles; et vous les verrez, dans un ordre

(1) Il y a des nébuleuses *annulaires* : d'autres qu'on appelle *planétaires*, parce que, dans toutes leurs parties, elles offrent le même éclat, comme les planètes; d'autres qui, comme la voie lactée, sont *aplaties*. — Et parmi ces nébuleuses, il en est qu'on voit tout entières dans le champ du télescope, et dont la lumière, faisant soixante-dix mille lieues par seconde, mettrait probablement un peu plus *d'un million* d'années à nous parvenir.

(V. Arago.)

éternel, reproduire les uns autour des autres, des mouvements prescrits, dont les siècles n'altèrent ni la régularité, ni la durée; jusqu'à ce qu'enfin, satellites et planètes, étoiles et constellations, tous ensemble, comme emportés par une force commune, vous paraissent se diriger, d'une progression lente, mais irrésistible, vers un même point des cieux, vers la belle étoile *Wéga* de la Lyre, à quelques degrés de la constellation d'Hercule.... ici, la bouche reste muette, le front se courbe... peut-être ce foyer, c'est Jéhovah lui-même, centre de tout; et derrière ce dernier voile, se tient Celui dont on ne peut voir la face sans mourir! Ainsi, le physicien, après avoir reconnu et expérimenté ces fluides subtils dont la flamme pénètre et vivifie les corps, s'arrête et frémit, craignant de toucher aux arcanes mêmes et à la source de la vie.

Et cette terre, qu'un moment d'extase allait nous faire oublier; cette terre! grain de sable dans l'océan, elle est le séjour de l'homme, et par cela même, au premier rang parmi tous les globes, et d'un prix inestimable aux yeux de Dieu. Roulant sur ses deux pôles qu'elle incline, elle se balance au sein de l'éther, et prend place dans le cortége magnifique auquel le soleil impose ses lois. Constamment sous l'œil de son roi, et la mieux partagée dans ses faveurs, elle n'est pas, comme Vénus et Mercure, pour ainsi dire consumée par sa présence; ni, comme Uranus, trop éloignée de ses fécondants rayons. Elle offre, dans le sphéroïde, la plus gracieuse et la plus durable des formes; l'atmosphère diaphane l'enveloppe, pour lui transmettre avec mesure la lumière et la chaleur ; une secrète influence tour à tour l'agite ou la modère, un heureux équilibre la maintient (1). Couronnée d'une éternelle jeunesse, la succession des saisons renouvelle sa fertilité dans le repos, et le contraste de la nuit y rend plus beau le jour même ; riche de tous les dons, recélant dans ses entrailles les germes des moissons, plus précieux que les diamants, elle est pour nous comme une mère inépuisable et tendre, bien que nous la tourmentions autant pour satisfaire à notre luxe qu'à nos besoins ; et jusqu'aux points culminants de sa course, sous ses zones les moins clémentes, on la trouve reproduisant encore le même ordre, et toujours parée de quelques attraits.

L'air, ai-je dit, l'environne comme un voile ; il se moule sur elle et la revêt ; et non-seulement il se peint lui-même des plus vives couleurs, siége de tant de météores, brillante Iris, il nous orne la scène de ce monde ; mais il est en outre l'agent nécessaire entre les objets extérieurs et nos organes ; et sans lui, le monde n'aurait plus ni spectacles ni spectateurs : tableaux enchanteurs, parfums, mélodies ! C'est par lui que vous charmez nos

(1) Signalons, comme concourant à ce résultat, deux effets opposés d'une seule loi : par exemple, lorsque près du solstice d'hiver, la terre tombe vers le soleil, quelle est la cause qui l'empêche alors de s'y précipiter tout à fait ? c'est qu'à ce moment même où son mouvement est le plus rapide, la *force centrifuge* prévaut et l'entraîne à l'autre extrémité de l'ellipse ; comme aussi, de ce point où elle tourne moins vite sur elle-même, la force contraire, qui à son tour prédomine, la ramène au périgée d'où elle recommence sa révolution.

sens, par lui que l'homme voit, qu'il entend et qu'il odore. L'air enfin, c'est un autre océan, tantôt calme et pur, tantôt sillonné d'éclairs et gros d'orages; la force qui commande aux mouvements des cieux, qui, deux fois par jour, soulève et fait retomber la masse des eaux, cette force le règle et l'enchaîne et, soit qu'il se raréfie en vapeurs qu'un souffle emporte; soit qu'en pesants tourbillons il se condense et se précipite, il ne pourra quitter la terre; à ses révolutions, comme à celles des mers, la souveraine parole a dit : *vous n'irez pas plus loin.*

Maintenant, cette loi suprême, cette force qui atteint jusqu'aux abîmes, qui trace aux astres leur orbite infranchissable, et relie l'atmosphère à notre globe, vous la connaissez, vous en savez le nom : une, simple dans sa cause, immuable, absolue dans ses effets, sous son attraction, s'unit et s'organise symétriquement chaque molécule, autour d'elle tout *gravite,* et d'un mot, on l'appelle *universelle.*

Ah ! si les philosophes anciens qui prêtaient une âme à la nature, et même la divinisaient, avaient pu prévoir les découvertes d'un Kepler et d'un Newton, quelles belles et plus solides pages seraient venues s'ajouter aux poétiques spéculations de l'Académie, aux entretiens éloquents de Cicéron !

Et quel est donc l'homme, que son regard embrasse un tel spectacle, et qu'il puisse formuler de pareilles lois? L'homme, que le matérialisme nous représente misérable, rampant et nu sur la terre, est plus haut que la montagne, plus léger que l'oiseau, plus puissant et mieux doué que tous les êtres. Divin par son essence, il le devient aussi par son génie; pour lui seul a été déployé ce grand appareil, ont été faites toutes ces choses; du milieu de ces merveilles, et lui-même sans doute la plus étonnante, il se lève pour en reporter la gloire à Dieu; roi de la création, il s'avance, véritable image du créateur : noblesse des formes, symétrie des proportions, jeu fort et pondéré des organes, tout lui assure la dignité et l'empire; son œil rayonne d'intelligence, et chez lui seul, l'âme coordonne et domine les diverses facultés.

II

Toutes les lois de la nature sont des plus simples, nous dit Galilée. Conservation, ordre, beauté, tel est invariablement leur caractère et leur but. Nous venons de voir à quel vaste ensemble de phénomènes préside celle de ces lois qu'on peut appeler la première entre toutes; suivons-en maintenant quelques autres dans leurs applications moins importantes, soit à certains détails de notre propre organisme, soit à la structure et à la physiologie des animaux. Rien n'est à dédaigner, rien n'est petit, là où la même Providence est toujours visible, et rappelons à notre esprit superbe que, dans l'enivrement de nos plus sublimes conceptions, le nom de Dieu doit nous être sans cesse présent, comme il l'était à Newton qui ne l'entendait jamais prononcer, sans découvrir sa tête vénérable. L'idée de Dieu, c'est comme le parfum qui empêche la science humaine de s'enorgueillir et de se corrompre.

S'enorgueillir! et pourquoi? *quand l'homme s'élève, je l'abaisse*, nous dirait Pascal. Oui, l'homme est un chef-d'œuvre; mais, hélas! qu'il faut peu de chose pour le détruire! sans parler du désordre moral et des ruines que font les passions, combien d'agents physiques doivent concourir à le préserver; quelle complication dans les moindres conditions de son existence! Prenons, parmi tant d'autres, un seul organe, un seul phénomène, celui de la respiration; fouillons, à l'aide du microscope et du scalpel, dans les profondeurs de cette cavité qui est comme le sanctuaire où s'entretient la vie; mettons à nu et poursuivons, dans leurs ramifications infinies, les vaisseaux, les fibres, les cellules dont l'agencement et l'union forment les poumons; heureux si, après avoir vu, nous savons nous prosterner comme Cicéron, tout païen qu'il fût; comme Bossuet, dont le génie était fait pour comprendre et célébrer chaque œuvre de Dieu! (1) Ici, en effet, quelle délicate et forte contexture, quel arrangement prodigieux! mais que tout cela est fragile! une seule maille se déchire, et la fonction est menacée; un nerf s'atrophie, elle a cessé. Ce n'est pas tout : pour respirer, il faut être toujours

(1) V. Cicéron *de natura Deorum*. — Bossuet, *sur la connaissance de Dieu et de soi-même*.

dans un milieu respirable; par exemple, que les proportions de l'atmosphère viennent à être altérées, un excès d'azote amènera la suffocation; un surcroît d'oxigène, comme le trop de feu de l'âme, usera la vie; quelques parties de plus d'acide carbonique l'éteindront ainsi qu'un flambeau. La nature, si bien ordonnée jusque dans les êtres inférieurs, serait-elle donc pour nous réellement en défaut?...... Vous voyez ces arbres, ces plantes dont la verdure plaît à vos yeux? adorable prévoyance! ce sont eux qui se trouvent chargés de restituer à l'air l'élément vital dont nous l'avons privé : ils fixeront dans leurs tissus fortifiés ces mêmes principes mortels à l'homme; et, par ce mutuel échange, se consomme sans relâche, cette fonction qui doit être plus continue que celle de l'estomac et du cerveau même, et que Pariset avait raison d'appeler *une résurrection perpétuelle* (1).

Ministre envers nous des bienfaits de la Providence, la nature, pour nous garder, n'a qu'à pourvoir librement à l'exécution de ses lois. A la vérité, elle veut souvent qu'on lui aide; parfois, elle semble demander qu'on la dompte, et elle nous résiste; mais c'est pour se laisser vaincre, quand il y va de notre bien, et pour stimuler

(1) N'est-ce pas encore par un effet de la même *sagesse*, que l'eau, par exemple, acquiert son maximum de densité vers 4 degrés au-dessus de zéro, de sorte que, dans un milieu de quelque profondeur, elle tombe alors en bas? Et comme les dernières couches, conservant ainsi cette température, ne sont pas exposées à se congeler, il s'ensuit que les poissons peuvent le plus souvent continuer à se mouvoir et à respirer dans ce milieu maintenu liquide.

notre activité par nos efforts; toujours elle nous enseigne; étudions-la.

Certes! je ne veux rien retrancher de la glorieuse part d'initiative et de succès qui nous revient légitimement; j'aime à constater de nouveau ici que l'âge présent en particulier crée des miracles où triomphent notre industrie et notre science; néanmoins, en y regardant de près, ne pourrions-nous pas reconnaître que souvent nous n'avons eu qu'à combiner, et que, pour beaucoup de nos inventions, la nature, qui nous fournit les matériaux, nous offre aussi les modèles?

L'oiseau, dans sa forme ovale, avec ses vibrantes rémiges, ses rectrices faisant fonction de gouvernail, et sa structure tout aérienne, nous apprend à fendre l'air, comme le poisson, à sillonner les flots; ou mieux encore: tandis que l'*argonaute*, dans sa coquille, déployant au vent ses tentacules élargis, semble nous avoir révélé tout d'une pièce l'art antique de la navigation à voile, il n'est pas jusqu'aux propulseurs de nos modernes bateaux, jusqu'aux *roues à palettes* dont on ne retrouve le type chez un insecte, le *rotifère*, ainsi nommé à cause de cette particularité même (1). Architecte des solitudes, le castor, au bord des fleuves, a dû commencer à bâtir bien avant le pauvre Indien; dans les cités, la navette

(1) Tout récemment, n'a-t-on pas proposé le poisson appelé *coffre à quatre rnes* (ostracio cornutus) comme pouvant servir de modèle à la construction es vaisseaux cuirassés et blindés!..... Inventez de nouveaux et plus terries *Merrimacs* et autres; la nature vous en remontrera toujours; mais pour nserver, et non pour détruire.

de la jalouse Minerve n'a produit rien de plus miraculeusement fin, de plus moelleux que ce qui sort de la filière d'Arachné (1); la chenille rampante *étire* sa soie et *feutre* sa coque aussi bien qu'on sache le faire dans nos usines pour les métaux et les étoffes ; les lois de la *pneumatique* fonctionnent depuis longtemps, comme en un corps de pompe, dans la trompe du papillon ; la tête du moustique et l'abdomen de la *mouche à scie* sont armés d'instruments ausssi acérés qu'en puisse tenir la main d'aucun chirurgien ; et, pour en revenir encore à l'homme, la mécanique, tout en faisant jouer ses rouages, ses ressorts, ses échafaudages et ses poulies, ne pourra se vanter d'avoir approché jamais de la souplesse et de la solidité de nos organes.

Je laisse parler un savant :

« Considéré seulement sous le point de vue de ses dispositions mécaniques, dit Achille Comte, le corps humain nous offre un ensemble de complication et de perfection que nos machines les mieux exécutées sont loin d'égaler. On y trouve des modèles sans nombre de constructions ingénieuses que rappellent, mais imparfaitement, les travaux les plus heureux des architectes et des opticiens. Le phare d'Édystone est certainement

(2) Le fil de l'araignée, tel que nous le voyons et qui nous paraît déjà d'une ténuité extrême, est primitivement composé d'une multitude de fils qui s'agglutinent à la sortie de la filière, percée elle-même d'une myriade de petits trous. Lewenhœck a calculé que le fil que l'insecte emploie pour sa toile est formé de quatre cents de ces fils primitifs, et qu'il faudrait, je crois, *seize millions* de ces derniers pour représenter la grosseur d'un cheveu.

construit d'après des régles moins correctes que celles qui ont présidé à la disposition des os du pied; les colonnes les plus fermes, les piliers les mieux enracinés sont assujettis avec moins d'exactitude que les os creux qui nous supportent; l'insertion d'un mât de vaisseau dans son emplanture ne paraît plus qu'une invention grossière à qui examine l'articulation de la colonne vertébrale avec le bassin; les tendons et leurs poulies de renvoi ont une perfection qu'on chercherait vainement dans les cordages les plus habilement disposés; il n'est point d'instrument de musique qui puisse rivaliser avec l'appareil vocal; l'hydrodynamique retrouve ses tuyaux et ses soupapes dans la structure du cœur et dans les grands canaux circulatoires; et, quelques progrès que la science des physiciens ait fait faire à la construction des télescopes, des microscopes et des chambres obscures, l'œil est encore le plus parfait des instruments d'optique. »

Dans la physiologie, plus attrayante que l'analyse anatomique, parce qu'elle nous fait assister à la vie même des animaux dont elle étudie les mœurs, dans la physiologie, il n'est peut-être pas, sous le rapport qui nous occupe, de faits plus intéressants que ceux qui ont trait aux *instincts;* il n'en est pas qui, par leur fixité, leur universalité, leur convenance, réunissent à un plus haut degré le caractère de *lois*.

Notre raison, trop ombrageuse, n'a point à s'offenser d'un rapprochement qui, en définitive, ne fera qu'établir mieux sa prééminence. Lorsque, par une combinaison de moyens dont le mystère nous échappe, l'animal produit des résultats qui semblent nous dépasser et nous étonnent, peut-être lui-même n'en a-t-il pas conscience ; tandis que, pour notre esprit qui par cela même prouve sa supériorité, tous ces actes de la brute deviennent l'objet de réflexions et de spéculations quelquefois sublimes.

Mais, qu'ils ne soient dus qu'au jeu purement automatique des organes, ou bien, qu'il faille en faire honneur au plus ou moins de sagacité de l'animal, toujours est-il que les instincts rentrent dans les vues générales de la Providence, et qu'ils forment une notable partie du tableau dont nous contemplons maintenant quelques traits épars.

Et d'abord, parmi les lois d'organisation et de conservation, il est certain qu'on en peut citer plusieurs dans lesquelles l'action directe de la nature est bien plus manifeste que celle de l'animal même en faveur duquel elles sont établies.

Telle est, par exemple, cette loi qui veut que, plus une espèce a d'ennemis, plus elle soit féconde, pour mieux réparer ses désastres (1) ;

Telle encore celle qui, mesurant la protection au danger, a rendu les armes défensives d'autant plus sûres que l'attaque est plus redoutable : d'ordinaire, les anneaux qui composent le corps des insectes sont à jeu

(1) Pour ne citer qu'un fait : les femelles dans les poissons pondent par milliers des œufs qui sont exposés à presque autant de causes de destruction.

libre, et simplement juxtaposés ; mais dans la guêpe et l'abeille, qui se livrent entr'elles des combats si acharnés, ils se montreront en recouvrement, comme les tuiles d'un toit, pour ne pas laisser de défaut par où l'aiguillon puisse pénétrer. Le cas est à peu près le même pour un oiseau dont parle Levaillant, l'*Indicateur* d'Afrique, qui ne vit que du miel et de la cire des abeilles : la nature lui a fait une peau si serrée et si épaisse, qu'il n'a rien à craindre de la piqûre des insectes dont il pille les magasins.

Telle est aussi cette loi conservatrice qui a réparti à chaque arbre, à chaque plante son insecte lequel trouve là séparément et abondamment à se nourrir : par exemple, il y a le cynips *du chêne*, le sphinx *du tithymale*, le méloë *du frêne*, etc., etc., etc.... En général, les diverses espèces de végétaux et d'animaux ont, les unes vis-à-vis des autres, leurs forces, et si je puis dire, leurs passions, leurs appétits tellement distribués et balancés, que l'économie d'aucun des règnes ne peut être sérieusement compromise.

Et comment ne pas mettre encore au rang d'une loi, cette singulière sollicitude de la nature, en vertu de laquelle, parmi les diverses espèces d'oiseaux que nous voyons d'habitude rester parfaitement insensibles aux mélodies les uns des autres, une seule note est sur le champ comprise de tous, je veux dire la note d'alarme? Le troglodyte, annonçant le péril, pousse son petit cri aigu ; et aussitôt se tapissent sous la haie tous les autres camarades emplumés qui picoraient aux environs ; l'hirondelle, lorsque plane quelque faucon, donne le signal, et non-seulement rallie les hirondelles du village; mais elle est aussi vite entendue par la fauvette et le passereau qui s'assemblent à son appel pour surveiller en commun le ravisseur.

Quant aux instincts proprement dits, la loi qui les détermine est unique dans son principe, comme pour les plus grands phénomènes de la nature, et elle se traduit au dehors par mille et mille faits des plus curieux et des plus vivants : voyez tout ce petit peuple industrieux; comme il s'agite, saute et fourmille ! qui décrira jamais ses mœurs et racontera ses travaux ?

Cependant, les instincts dont nous parlons peuvent être ramenés à deux fins principales :

Les uns, plus égoïstes, se bornent à l'individu; les autres, plus généreux et non moins sûrs, s'étendent jusqu'à l'espèce.

Parmi ces derniers, qu'on veuille ou non les qualifier de sentiments, les plus forts, les plus universels et les plus complétement désintéressés sont ceux qu'inspire l'amour maternel.

Je suis vivement touché, je l'avoue, des preuves de dévouement et de courage que donnent journellement devant nous tant d'animaux, d'ailleurs assez haut placés dans la série, lorsqu'il s'agit d'assurer le bien-être et la conservation de leurs petits ou de leurs œufs.

Mais, comme plus on descend, plus l'instinct se développe, en raison même de la faiblesse, ce que surtout j'admire, c'est qu'un insecte sache choisir pour les siens, un milieu qui lui répugne à lui-même, et souvent lui est mortel :

La grosse mouche bleue que, malgré les apparences, il ne faut nullement accuser d'être carnassière, confie l'espoir de sa progéniture à la chair qui va se corrompre ; et cela avec tant de discernement, qu'elle ne pondra jamais sur un morceau trop mince, ou qui pourrait se dessécher.

Les éphémères déposent leurs œufs, qu'elles ne doivent point voir éclore, dans la berge des rivières, témoins pour elles-mêmes de plus d'un triste naufrage.

Les pompyles qui, à l'état parfait, ne sucent que le nectar des fleurs, approvisionnent leurs voraces nourrissons de vers et de chenilles que la mère, avant de les emmagasiner, a eu soin d'engourdir, en les perçant de son aiguillon ; mais sans les tuer tout-à-fait, de peur qu'ils ne se gâtent.

Comment expliquer cette *prévoyance?* Ne faudrait-il reconnaître en cela, pour ces insectes, que la mémoire de leur propre passé? A travers leurs transformations successives, et par une sorte de métempsycose, se rappelleraient-ils donc ainsi ce qu'eux-mêmes ils ont été, et les conditions de leur existence première?

C'est toujours l'instinct de la maternité qui apprend aux oiseaux, chacun suivant son espèce, à édifier ces constructions si variées d'ordonnance et de style, conques mignonnes, hamacs balancés aux vents, forteresses escarpées où reposeront en paix les doux fruits de leurs amours ; c'est cet instinct qui, près de la rive ou dans le lit des fleuves, enseigne à l'*épinoche*, au *poisson-soleil*, vraie miniature, perle animée des eaux, à creuser le sable, à entrelacer des herbes; et qui fait aussi préparer par l'insecte ces berceaux qu'on appelle *gales*, bien vilain nom pour désigner de si jolies choses s'offrant à nous sous l'apparence de fruits et de fleurs.

Pour se procurer à eux-mêmes la nourriture et l'abri, que d'ingénieux procédés, quelles ressources, quel art ils sauront déployer tous tant qu'ils sont, depuis l'*archer*, ce petit poisson du Gange, qui lance des gouttelettes d'eau pour étourdir et attraper les imprudentes moucherolles jouant dans son voisinage, jusqu'aux innombrables volées d'oiseaux, aux bataillons de quadrupèdes lesquels, guidés par un sens qui ne les trompe pas, s'en vont chercher dans leurs migrations périodiques, un climat meilleur et des terres plus abondantes.

Quand il faudra se vêtir, vous les verrez mettre en œuvre les substances les plus diverses, et quelquefois se parer des accoutrements les plus étranges : le *bombyx* du mûrier s'enveloppera magnifiquement de soie, les *teignes*, des parties les plus duvéteuses et les plus chaudes de nos pelleteries et de nos habits ; la *frigane*, qui fréquente les ruisseaux, s'ajustera un fourreau de brins de joncs et de pièces de bois ; et, quand elle sera près de se métamorphoser en nymphe, elle le garnira d'un grillage à chaque bout, pour arrêter ses ennemis sans que l'eau cesse d'y circuler; une mouche dont la larve vit sur l'astragale, se taillera dans ses feuilles une robe des plus bouffantes, avec trois rangs de falbalas; le lis, dont Salomon dans toute sa gloire pouvait envier la blanche parure, porte un ver d'une forme extrêmement bizarre, et qui, lui, d'un goût plus original encore, mais pour échapper à la voracité des oiseaux, ne craindra pas de se salir en se couvrant de ses excréments. Et notez que ce ver devient plus tard un charmant petit coléoptère d'un superbe rouge écarlate : c'est le *criocère*, que chacun de nous, sans doute, a tenu dans sa main, et s'est amusé à faire crier, en le séparant de la feuille où il avait trouvé la table et le logement.

Que n'aurais-je pas à dire également et des abeilles, et des fourmis, et du fourmilion, et des termites s'ingéniant eux aussi, et travaillant pour ce triple objet : le salut public, la subsistance et le vêtement!...... Mais je veux finir; car c'est ici le pays des enchantements où volontiers l'on s'égare et l'on s'oublie; et peut-être refuserait-on de me suivre plus longtemps à travers cette foule de sujets que mon caprice effleure. Je me permettrai seulement encore de rapporter un trait qui m'a frappé de la part d'une araignée.

Il ne s'agit point ici de l'espèce aquatique, de l'*argyronète* emprisonnant une bulle d'air dans le palais qu'elle se file sous le cristal des ondes; ni de la *mygale* non plus qui se creuse en terre une habitation vernissée à l'intérieur et soigneusement fermée par une véritable porte à charnière, qu'elle retient du dedans avec ses pattes, quand au dehors on s'efforce de l'ouvrir. Ce sont là les prodiges du genre, et que d'avance on est convenu d'applaudir. Non ! celle dont je vais parler est de l'origine la plus commune parmi les sœurs filandières, et voici ce que l'on en rapporte :

« Depuis quelque temps, dit l'observateur dont je traduis ce petit détail, depuis quelque temps, je remarquais sous le bras d'une chaise, une très-mince araignée allant et venant, et paraissant bien affairée et fort en peine. Je me mis à surveiller ses mouvements de plus près, et j'aperçus, accroché au fond de la chaise, son nid de toile, et au-dessous, sur le plancher, le cadavre d'une mouche bien plus grosse et plus pesante qu'elle. Dès lors, je compris que l'araignée voulait élever ce lourd fardeau jusqu'à son magasin, et l'y déposer en réserve pour ses besoins. Mais comment faire? L'opération semblait bien difficile. Enfin, après avoir pris ses mesures, elle se mit résolument à l'œuvre : d'abord, elle commença par tirer un fil d'une force suffisante, qu'elle attacha à l'un des bâtons de la chaise, environ quatre pouces au-dessus du parquet ; ensuite, l'ayant fixé au corps même de la mouche, elle le continua jusqu'à l'autre bâton en face où pareillement elle l'assujettit à peu près à la même hauteur. Or, comme la mouche se trouvait beaucoup plus rapprochée d'un des bâtons que de l'autre, les deux fils qui formaient angle avec le corps, étaient nécessairement de longueur différente, de sorte que l'araignée ayant imaginé de marcher lentement sur le bout le plus long, l'excédant du poids de la mouche se trouva heureusement contrebalancé par cette disposition, et le corps fut un peu soulevé. Alors, l'araignée se hâta d'attacher au bâton par un nouveau câble, la partie de son levier où elle avait ainsi foulé, et qui venait de lui procurer ce premier avantage; puis, répétant assez de fois les mêmes manœuvres à chacune desquelles elle gagnait encore un peu, elle finit par hisser son butin à destination. Je dois noter que préalablement à tout effort, elle avait eu soin de débarrasser la mouche des obstacles qui eussent pu la retenir en bas. »

Qu'en pensez-vous?.... Ne vous paraît-il pas curieux de rencontrer là un aussi judicieux emploi de ce que notre technologie appelle un *levier du second genre,* combinaison dans laquelle la puissance, d'autant plus grande qu'elle s'applique à la partie la plus longue du levier, la puissance, dis-je, est à un bout, le point d'appui à l'autre bout, et au milieu, la résistance, précisément comme cela se voit dans le mouvement qui soulève la plante de notre pied? Certes, ce n'est pas trop mal calculer pour un insecte; et j'imagine qu'à ce trait particulier, Montaigne, le sceptique Montaigne, se serait encore senti plus à l'aise pour déclarer qu'il y a ici et *délibération* et *pensement* et *conclusion.*

Nous aussi, faisons preuve de discernement et sachons conclure : dans le simple acte de cette araignée, comme dans les scènes les plus imposantes qui viennent de passer rapidement sous nos yeux, qu'avons-nous pu remarquer? Partout, le juste rapport des moyens avec le but, l'exacte appropriation des organes aux besoins, en un mot, l'*harmonie*. Et lorsque nous avons cru saisir un aperçu des causes finales et quelque détail du plan de Dieu, nous nous sommes extasiés. En cela, nous faisions bien : l'admiration est un hommage de notre reconnaissance et de notre amour ; mais, au fond, quelle preuve de notre ignorance et de la faiblesse de notre vue ! au sein de la création, il n'est pas besoin d'un second *fiat lux;* il y a assez de lumière dans l'œuvre des six jours ; les faits s'y produisent et s'y enchaînent avec une clarté suffisante, dans un ordre inaltérable, parce qu'ils reposent sur des lois qui ne peuvent errer, ayant elles-mêmes pour base l'intime constitution des êtres qui leur obéissent. C'est nous seuls qui sommes encore dans les ténèbres, lorsque, tels que des enfants pour qui tout est nouveau, nous nous étonnons de trouver la nature constamment fidèle à elle-même ; comme si l'harmonie était pour elle, non pas la règle, mais l'exception.

Laissons-nous instruire, je le répète ; étudions-la, cette bonne, cette sage nature. Et s'il suffit, dès maintenant, à la gloire et au bonheur d'un homme, d'avoir attaché son nom à la découverte de quelqu'une de ces merveilles, ombre d'autres merveilles plus grandes encore, que sera-ce donc, lorsque, délivrés des entraves de nos sens grossiers, le voile tout à coup se lèvera devant nous ; lorsqu'en possession de l'immortalité, nous pourrons contempler face à face la vérité même, et *connaître, comme nous avons été connus.......?* plénitude des jouissances de l'âme, beautés de la vie morale dont rien ne troublera plus les expansions ni la pureté, spectacle des mondes à peine entrevu, et qui se déroulera pour l'éternité sous nos yeux....... quelles espérances, quelles destinées !

Cependant, même ici-bas, que notre esprit curieux ne se fatigue point ! Quelques essais infructueux pourraient-ils nous décourager ? Sans doute, nous avons vu d'infimes insectes atteindre par leur seul instinct et de prime saut à la *perfection* que réalisent rarement nos laborieux efforts ; mais Dieu savait ce qu'il devait laisser de liberté, et, par suite de causes possibles d'erreur aux développements de l'intelligence humaine dont la *perfectibilité*, entendons-le bien, n'a pas été limitée. D'ailleurs, indépendamment de l'objet que l'homme se propose, l'exercice de ses facultés est déjà pour lui une récompense et un plaisir ; à mesure qu'il avance, il étend le fruit et le but de sa poursuite ; la fin de son travail, c'est travailler encore ; de cette manière, il a conscience qu'il *progresse*, et qu'il accomplit, lui aussi, la plus noble *loi* de sa nature.

VERSAILLES. — IMPRIMERIE CERF, 59, RUE DU PLESSIS.

www.ingramcontent.com/pod-product-compliance
Ingram Content Group UK Ltd.
Pitfield, Milton Keynes, MK11 3LW, UK
UKHW020525180726
13839UKWH00005B/2320

9 782329 485843